现代·实用·温馨家居设计

玄关 过道

娟 子 编著

中国建筑工业出版社

图书在版编目（CIP）数据

玄关·过道/娟子编著.—北京：中国建筑工业出版社，2011.12
（现代·实用·温馨家居设计）
ISBN 978-7-112-13796-1

I.①玄…　II.①娟…　III.①住宅-门厅-室内装饰设计-图集
②住宅-隔墙-室内装饰设计-图集　IV.①TU767-64

中国版本图书馆CIP数据核字（2011）第237451号

责任编辑：陈小力　李东禧
责任校对：姜小莲　关　健

现代·实用·温馨家居设计
玄关·过道
娟　子　编著

＊

中国建筑工业出版社出版、发行（北京西郊百万庄）
各地新华书店、建筑书店经销
北京嘉泰利德公司制版
北京盛通印刷股份有限公司印刷

＊

开本：880×1230毫米　1/16　印张：4　字数：124千字
2012年5月第一版　2012年5月第一次印刷
定价：23.00元
ISBN 978-7-112-13796-1
（21556）

前 言

　　傍晚，完成了一天的工作，迅速逃离喧杂浮华的都市，伴着昏夜回到了宁静的家中。感叹便捷快速的交通，让我们有机会在短暂的时间里穿梭于两种迥然不同的环境。家的清澈能带给我心灵的安慰，因为它不知道承载了多少的记忆，模糊地明白，"家"装着我所谓的花季、雨季，有的喜、有的悲、有的让人啼笑皆非，不能轻易地放下，因此，"家"承载着艰巨的任务。在这个季节，很多时候我宁愿选择在家中休息，而不愿在外面，我想很多朋友也会与我有着相似的选择。可是如何让家居在这个季节更加舒适和惬意呢？这也是《现代·实用·温馨家居设计》为大家解决问题的所在，将室内空间作为一个整体的系统进行规划设计，保证整体空间具有协调舒适的设计感。

　　生活是很简单的事情，我们不能用一种风格来束缚我们所要的生活方式，也不能完全拷贝某一种风格，因为每种风格都有自己的文化和历史渊源，每一个家庭也都有自己的生活方式、人生态度和理想。只有满足了人在家居生活中的使用功能这个前提下，然后再追求所谓的风格，这是空间设计的基本道理。

　　本书涵盖家庭装修的客厅餐厅、书房休闲区、玄关过道、卧室、厨房、卫生间空间设计，案例全部选自全国各地资深室内设计师最新设计创意图片，并结合其空间特点进行了点评和解析，旨在为读者提供参考，同时对家居内部空间进行详细的讲解和分析，指出在装饰设计上的风格并给出了造价、装饰材料等。书中还详细讲解和介绍了各种装饰材料、签订装修合同需要注意事项，以及家居装饰验收的技巧等。

目录

前言　03

玄关·过道　05～58

顶棚装修多样化　59

新板材要替代大芯板　60

怎样解决油漆问题　61

套餐陷阱　62

致谢　64

01　圆形镂空木雕再加两边中式花格内衬镜子的映照，以朦胧的灯光效果营造古朴的玄关效果。

02　依墙而设欧式罗马柱作为玄关一景，繁丽的雕花摆台和装饰油画以米黄色花纹壁纸为背景，装上亮丽的壁灯让欧式空间显得格外尊贵。

03　精心雕刻的混油方形木花格与墙上的红色花纹壁纸协调呼应，大面积的镜面装饰很好地延伸了视觉空间，虚实中交相呼应。

04　框起来的精美壁纸和罗马柱的运用，地面大理石拼花，塑造富有视觉冲击力的端景。

05　中式雕花在条案的上方，以其独特的表现特质和丰富的雕塑造型，尽显高雅与尊贵。

01 米黄色的空间基调搭配深色家具，辅以青砖装饰墙点缀，凸显丰富的层次。镂空的冰凌格装饰在灯光的映照下，更显得生动迷人。

02 玄关地面圆形拼花大理石与顶面石膏板圆形反光灯带吊顶相呼应，令人一进门便感觉眼前一亮，精神为之一振。

03 采用绿底黄花壁纸与木纹纹理的玄关柜，给人一种淡雅恬静之感。

04 极具特色的饰品陈设，与其他玄关显得迥然不同，富有个性。

运用色彩构成的手法，红胡桃木消除了大面积白色空间的单调感，欧式面板装饰垭口在这里起到了舒缓的效果。

地面选用青色地砖斜铺，四周"回"字纹理波打线铺贴；"回"字纹图案的实木屏风在手绘荷花的背景墙下相互呼应。

鞋柜的木纹色和背景墙花纹搭配，在中间部位做精品台，提高了居室的档次。

白色的墙面，白色的衣柜、鞋柜，柔和光带勾勒出顶面的线条，带来宁静深远的气息。

01 木柜恰如其分地与白色墙相连，浑然一体。

02 顶面方形石膏板造型吊顶在反光灯带和射灯的映照下，光线发散出来，空间不再呆滞和压抑。

03 中式花格作为装饰屏风造型，非常具有空间交错的质感；花梨木的条案，造型优雅，其上摆设的古瓷与之陪衬，宛如国画中的景物。

04 这是个使用性很强的玄关，下面可以放拖鞋，中间是鞋柜，上面可以放装饰品。没有过多的造型，却把墙体背景装饰得如此巧妙。

顶面的装饰玻璃让空间显得宽敞明亮，在灯光的渲染下，有种空灵感。

仿古砖地面，深色家具、吊顶，搭配出沉稳厚重的空间情调。深色家具、白净的空间墙面，对比突出，相互衬托。

家具及艺术品陈设，把主人的气质与生活品位含蓄地表现出来。

黄色的吊顶灯带，洁白的空间墙面，营造出优美迷人的意境。

01 以米黄色的壁纸来装饰玄关空间，温馨儒雅的气氛油然而生，搭配白色矮柜，清新舒适，与过道空间更融洽地结合起来。

02 设计利用木质的可塑性，用点、线、面穿插的手法表现了玄关的空间。虚实相应的造型为玄关空间增添了趣味性。

03 白色混油、棕色木质和通透的玻璃组成的鞋柜、装饰柜，简单的线条营造出优雅的氛围。

04 木质的深沉、白色乳胶漆的整洁、磨砂玻璃的清爽，使整个玄关空间在多种材质的组合装扮下层次分明、意境优雅。

绿色花纹玻璃和白色墙漆的结合，打造出一个晶莹剔透的个性空间。

木纹表面的鞋柜、黄色仿布纹壁纸，明媚而清新，在白色的统领下浑然一体，玄关空间装饰的层次丰富，显得轻松自然。

镂空的木质花纹隔断，搭配摆放有青瓷的中式鞋柜，时尚与古典的完美结合，展现出东方文化的韵味。

黑胡桃木镂空花格隔断与中式条案的使用，为玄关融入了古雅的味道，沉稳庄重而不失温馨。

01　典雅的复古情怀与现代简洁的装饰元素融为一体，特制的圆形造型装饰墙，之中的金黄色图案雕塑在灯光的映照下，显得格外清新。

02　装饰画在空间内大放异彩，黑色的画框、独特的画面组合，成为悦目的焦点。空间的气质浑然天成，韵味十足。

03　圆形吊顶流露出浓浓的欧式风情，加以金色壁纸的装饰运用和车边镜金色线条的收边处理，欧式的韵味愈加浓郁。

04　深色的茶几使空间涌动着缕缕文化韵味，顶上方形中的圆形装饰，契合着传统千年的为人处世之道，文化的沉淀在家居中完美表达。

05　以线条流畅的古典欧式家具作为特色主轴，运用罗马柱来塑造室内空间的气氛。格调高雅，造型简朴优美。

玄关背景墙采用橘黄色墙漆，从视觉上打破了地面单一的浅色，颜色生动、热情，丰富了立面的层次。

舒适与简单是追求的目标，灯光的搭设带来了家的温暖，细节的处理顺其自然地成为空间的点睛之笔。

以简洁的造型、纯洁的质地、精细的工艺，打造宽敞的空间，如此的专注，连细节也不放过。

方形的空间，黑白装饰画，水晶吊灯，层次分明又不失细节。地面斜铺的仿古砖勾缝清晰可见，经过灯光的处理颇具通透感。

运用现代设计手法将屏风设计成凹凸的花纹图案，并熟练地运用色彩之间的深浅对比，使空间层次更加丰富，呈现出令人耳目一新的空间感。

01 大理石台阶塑造出温暖而质朴的视觉效果，雕刻别致的镂空木花格，既朴素无华又精致亮丽。

02 地面运用大面积黄色仿古砖，色调淡雅，深色波打线的围边和方形点缀富有装饰意味，设计手法简单又富于变化。

03 在吊顶设计上采用了简练的平面直线造型，并运用光影的变化来丰富空间的每一部分，随处可见的点光源巧妙地把整个空间融入舒适和谐的风格之中。

04 背景墙采用石膏装饰花线、太阳造型的装饰画，空间简洁而又气质不凡。造型简单的条案与石膏边形造型形成对比，共同打造了一个充满魅力的空间。

背景墙采用黑胡桃材质的花瓶造型，表达
出无形的丰富内涵，增加了几分传统的意
味，为空间赋予吉祥的寓意。

镂空花格构成隔断，通透的处理让空气对
流并满足采光需求，镂空花格呼应了整个
空间的装饰主题。

空间没有繁杂的造型，一切简简单单。灯光
与饰品的精心搭配带来不同凡响的效果。

柜体线条干净利落，设计上没有过多变化
的处理，点缀其中的黑白花瓶让墙面多了
些许变化，白瓶红花的搭配赋予空间一丝
雅致的感觉。

01 鞋柜和玄关顶天立地的造型手法，将块面明显地分隔开。

02 转角陈列柜的弧度打破呆板，添了灵性的一景；造型简单的鞋柜营造出自然朴实的玄关空间。

03 鞋柜白色和黑色搭配，在中间部位做精品台，提高了居室的档次。

04 块面的运用主要体现在墙面和顶面的材质和色彩上，简约的风格通常像这样造型简单，色块间风格明显。

暖色调的灯光为空间镀上一层高贵的色彩，虽没有华丽的家具作装饰，却执意追求平稳的豪华。

玻璃屏风的处理以其错落、粗拙的表现手法，打造出质朴的风格，白净的空间，配饰清爽雅致的绿化摆设和玻璃隔断，让空间更显纯净。

玄关传统纹样的花格，含蓄地流露出中式的缕缕韵味，与吊顶木格装饰的方形同出一脉，都汲取了传统装饰的神韵，明亮的光线让空间更加饱满。

玄关外金属材质的层架上摆着花瓶工艺品，墙面以大理石装饰为背景，强调出空间的高贵与大方。

嵌在墙体转角处的白色高光烤漆收纳柜造型简洁，也具备很好的储物功能。

白色的木质玄关柜与珠帘作为隔断，构成了洁净的玄关空间，将夏天的清爽感觉巧妙带出。

下半部的矮柜具备存放鞋类物品的功能，上半部是曲折的搁架造型，其本身也起到装饰作用。

白色的墙漆将面积紧张的门厅装饰得明亮干净，从视觉上扩大了空间感，从色彩上与室内空间相呼应。

精心设计的桌案及案上的装饰，给整个空间定下民族特色的基调，与地面斜铺的地砖完美结合，增加了空间的进深感。

玄关圆形石膏板造型吊顶、冰裂花纹的木质装饰成为居室最出色的部分，不仅是打开房间门时的美丽端景牵引着视线，更是自然地过渡了空间。

红色的墙面、木纹色的悬空矮柜形成强烈对比，色彩之美在这个空间里表现得淋漓尽致。

舒适与简单是最难追求的目标，灯光的铺设带来家的温暖。不采用任何多余的装饰品，细节处理成为空间的点睛之笔。

白色搭配着绿色，沉稳中透着儒雅。米黄色的壁纸作为中间色，让空间色彩更加紧密地融合在一起。

棕色木质镂空隔断使门厅与客厅完美地分隔，鞋柜上的鲜花给室内带来了自然的气息。

01 棕色实木鞋柜、金色镶边油画，古典、高雅，在灯光的衬托下，玄关空间不失稳重与舒适。

02 浅蓝色装饰鞋柜，让人感觉到温馨中透着亲切，高雅中带着浪漫。搭配白色，让玄关充满了和谐的气氛。

03 设计时采用顶面造型吊顶与地面铺砖装饰，表现了主人独特的审美观。

04 用三幅色彩鲜明的抽象画装饰玄关的墙面，不仅为空间增添了跳跃的色彩，同时也活跃了空间的气氛。

05 不同木质会给人不同感受，黑胡桃木的柜子沉稳大方，而土黄色的壁纸则让人感觉亲切温暖。

棕色木质给人以大气舒适的感觉，本案在传统的设计风格上让门厅空间拥有古典韵味，无论是装饰花格，还是简洁的几案，无不透露着传统的文化气息。

设计使用黑胡桃木质的隔断，沉稳而大气，搭配一个条案，色彩更加和谐，层次更加分明。

黑色胡桃木为主的玄关空间古色古香，大理石纹理的墙面中和了深色的沉闷，使空间色彩更加和谐。

玄关的主体颜色与室内家具颜色协调呼应，不同空间营造出不同的感受。

为了避免冷色主调给主人硬冷疏离的感觉，设计使用黄色调搭配，实现了空间色彩上的平衡。

玻璃与黑胡桃木鞋柜，效果通透大方，现代而不失沉稳，让人从玄关处便感觉到家庭的温暖。

玄关矩形石膏吊顶上暗藏的灯带，保证了玄关区域的照明效果。

圆弧形的玄关吊顶，设计方案新颖、独特，具有流动的动态美感，白色的灯光给人迷幻的感觉，整体设计前卫而大胆。

简洁硬朗的黑色直线条有条不紊地组织着空间的秩序，追求内敛、质朴的设计风格。

木质玄关柜具有浓郁的古典韵味，地面上的花格装饰表现出淡雅从容的意境。

玄关两边的玻璃和镜子造型丰富了墙面的层次感，又带来了韵律的美感，同时，大面积的镜面更让空间增容不少。

精美雕饰的镜框勾勒出茶镜倒用造型的背景，凸显出精致华丽的欧式风格。

仿古案几使玄关充满中式古典风情，射灯光影错落，令空间变得立体而生动。

挂一幅传统水墨画作装饰，提升了玄关的人文气息。很有个性的条案，也能起到不错的装饰效果。

地面上的拼花图案与墙面上的窗花形成呼应，做工精致的案几上摆上一个工艺品，经典的中国风油然而生。

01 运用不同的照明灯，使室内光线层次感增强，气氛因此而倍感温馨。

02 玄关背景采用一款马可波罗地心岩墙砖铺贴，中间条案与两边花格隔断构成一个完美的进门玄关，加上绿植的陪衬令人倍感清新。

03 米黄色玄关柜的柜门呈现出规律的层次感，上方的工艺镜子，可以让主人出门的时候整理一下自己的衣着。

04 地面上的拼花图案与圆形的吊顶互相呼应，视觉效果非常华丽大气。玄关装饰背景在灯光的作用下，显得动感十足。

定做的雕花装饰在这简单的过道空间中尤为醒目。

因地制宜，随形就势，拐角处放置植物，缓和了空间气氛。暗藏的灯光中流露出庄重、传统的气息。

色调运用得如此和谐，浑然一体，使之真正有了呼应的气氛。

凸显风格不一定要花哨的造型，简单的线条和块面也能做到。

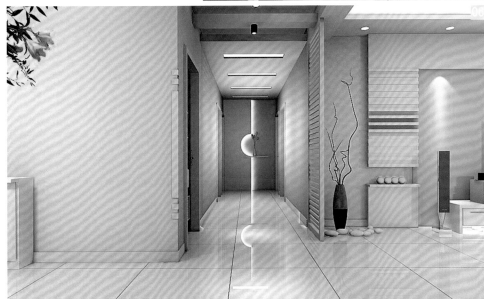

进出之间除了方便之外，还有极细微的温暖和感动。

中式风格过道，精雕细琢的装饰及装饰柜，构成了沉稳儒雅的中式空间。

米黄色的地板与碎花壁纸，共同营造出舒适温馨的居室氛围。

通道采用清淡明亮的色彩，简洁、统一又有个性。

干净亮丽的过道，只用地面黑白交错的铺贴调解空间色彩，达到冷暖平衡的效果。

以浅色为主调的过道强调了轻灵感，为空间增添了美丽的同时又不显张扬。

墙面配以线条柔美流畅的白色花纹饰物，再加上壁纸的装饰，整个过道营造出浓郁的古典韵味。

米黄色地砖、白色墙面、张扬的装饰画，衬托得过道更加温馨舒适，让空间整体色调统一且和谐。

棕色木质和白色墙面结合作为装饰，在色调上与空间相呼应，让空间的层次丰富而不凌乱。

棕色庄重大方、白色纯净透亮，这样的过道透出温柔、和美、稳重，显示着主人高雅的品位。

01　过道处呈现出多元化设计风格，鱼缸和木质柜的结合、
　　金色佛像和中式柜子的结合，使得中式元素体现在空间
　　的每一细节处。

02　白色柜和原木的地板为空间创造出不同的层次，也增添
　　了温馨和亲切感。

03　棕色木质和白色顶面作为空间的两大主色，沉稳、平
　　和，在色调上与整个空间相呼应，整体感很强。

04　白色具有冷静的效果，结合五颜六色的花朵可以使人们
　　感到舒适，进而放松心情。

05　整个空间以白色为主，洁净淡雅，带给人舒适和清爽的
　　感觉。

玻璃与木质向来是设计玄关部分的首选材质，效果通透大方，现代而不失沉稳。

黑色的装饰隔断与主色调产生了强烈的对比，使得过道空间更加时尚而有个性。

白色显得整洁干净，搭配木纹色的木门感觉温暖时尚，冷暖色彩的对比让空间气氛更加和谐舒适。

白色墙面有凹进去的圆形造型，把古制瓷盘放在里面，起到了装饰的作用，沉稳、大气、层次分明。

本案是欧式与中式古典元素相结合的最佳诠释，将中式的陈设品放入到欧式风格空间中，展现出多元化的装饰魅力。

01 精美的花艺为空间增添了高雅的气质，地面啡网纹的大理石令空间更显明朗、通透。

02 一束鲜花带来了生机，活跃了空间的气氛，同时也平衡了米黄色墙面的沉闷感。

03 土黄色为空间主调，用灯光局部烘托气氛，呈现出高贵而又凝重的居室气息。

04 柔和的黄色与踢脚线的棕色打造的过道空间，充满了活力与热情。

05 土黄色让过道空间更显开阔明朗，顶面边缘透出暖色光晕，引人视线。

玻璃的晶莹剔透与木质的朴实厚重协调互补，平衡视觉。

鱼缸，为简洁素雅的空间增添了绚丽的一景。

古典的瓷瓶呼应着室内的主题风格，于素雅中见风情。

狭长过道大胆地运用灯具、挂画、饰品，演绎出现代简约的风格。

01 蓝色调营造出一种浪漫的气氛，混油镂空折叠门令过道变得明亮而宽敞。

02 玻璃装饰墙内镶嵌绿竹，让美丽穿越不同空间。木质装饰墙，增加房间的亮度和宽敞舒适感。

03 过道尽头洁白明亮的灯光剪影，令居室更显得通透。

04 为了避免木纹暗色调给人冷硬疏离的感觉，设计师选用浅色木地板搭配，实现了空间色彩上的平衡。

以白色为主色调让门厅空间显得干净利落，扩大了空间感。

米黄色的木地板与白色墙面浑然一体，顶面石膏板造型吊顶，赋予空间丰富的层次感。

淡绿色墙面充分体现了清爽、淡雅，搭配上顶面的碎花壁纸，冷静中透着热情。

妩媚的深红色花图案、清雅的白色柜、棕色实木地板、时尚的衣柜，让人们一进门就可以感受到家的魅力。

隔断以玻璃和木质鞋柜组成，颇显另类。地面波打线强调了空间统一的视觉效果。

01 白色墙面凹凸纹理的造型，草帽装饰与梅花呼应着空间的冷色调，成了空间不可或缺的装饰元素。

02 深色木地板与门强调了沉稳典雅的气质，打造生活气息浓厚的过道空间。

03 为了配合整个空间的风格，运用装饰画，使空间有机融合、统一，彰显气派。

04 深色木条装饰墙，给轻盈的空间带来沉稳、质朴之美。

暖色调的空间中点缀冷酷的黑色门套及家具，家的温馨和时尚就
这样勾勒出来了。

过道采用木质假梁嵌入，射灯作装饰和照明，与墙上的木质装饰
板同一颜色，改变了过道狭长的空间感。

用实木做横格造型具有朴素的人文理念，过道上用镜子作装饰，
让居室空间显得宽敞和通透。

墙面和顶面、家具、灯光都是白色，让空间看上去更宽阔。过道
的光晕效果使空间的层次感更强。

01 精美的花艺与绿化翠竹呼应成趣，结合古韵悠悠的空间增色添香。

02 明清式座椅对称排列，表达出清雅含蓄、端庄丰华的中式空间意境。

03 古朴的空间色调、古典的家具及摆件，表达出端正、沉稳的中式风格。

04 带有古典韵味的木格子吊顶，让传统的装饰元素在现代空间中得以延续。

拱券式门洞造型屏风，以及富有装饰性的玻璃隔断，将空间风格的装饰细节发挥得淋漓尽致。

花式的装饰镜，充满朝气，烘托出热情奔放的欧式空间气息。色彩鲜艳的花艺消除了艺术玻璃带来的冰冷感。

色彩厚重且带有金色花纹的壁纸和风景装饰画，为居室增添了高贵奢华的情调。

色彩斑斓的装饰画在光影的衬托下，更加丰富生动、引人注目。白色装饰柜透露出含蓄典雅的气息。

01 镂空的装饰花格，用作空间的隔断装饰，展现了中国传统艺术的永恒经典之美。

02 朴实的木纹地板露着自然的肌理，令居室倍感舒适、惬意。

03 柔和的米黄色空间基调，局部搭配深色点缀，营造出温文尔雅的居室气质。

04 色彩丰富的抽象画从素雅的视觉空间中一跃而出，尤其醒目。

05 清澈明亮的玻璃装饰与居室浑然一体，更显得色彩绚丽、满堂生辉。

06 白色透亮地砖与黑色地砖搭配立刻显得紧凑而充满动感，干枝为简洁素雅的空间增添了绚丽的一景。

07 简洁平直的木质装饰板，令白净的过道不显单调。

08 白色的空间基调，搭配深红色、绿色、黄色装饰瓶，体现出有张有弛的空间气息。

09 具有线条肌理的玻璃，上面的干枝在灯光的映照下，反射出呈放射状的光影，形成光彩照人、绚丽夺目的室内环境。

过道墙面用黄色，顶面的石膏板造型吊顶与白色玻璃门相互呼应，黄色的柔和灯光，令朴实淡雅的居室更显温馨、舒适。

玻璃镜子装饰，既起到半隔断作用又不影响空间的统一，运用晶莹剔透的壁灯和射灯可达到理想的装饰与照明效果。

白色空间基调，红色墙漆，搭配出令人惊艳的视觉效果。

凹凸、错落有致的过道墙面，在光影的衬托下，增强了立体感，显得生动、层次丰富。

黑色大理石地面纹理和白色墙面、米黄色的灯光让整个空间大气而不失雅致。

黄色代表着温馨和安静，设计师选用它作为过道主色调来表现亲切和舒适感。

顶面上冰凌格纹样装饰体现出中国传统文化的气息，清油加混油装饰的木门，令浓郁的古典风韵立即扑面而来。

在过道尽头的一个红色柜子，具有收纳功能的同时也给简约风格的过道带来清新自然的气息。

红色墙面壁纸充满活力，消除深色木门带来的沉闷感。

过道尽头的墙面上装饰了一个深色实木柜，枪、剑挂在白色框内，画面意境深邃，充满诗意，给人以赏心悦目的艺术享受。

01 白色墙漆将面积较紧张的门厅装扮得明亮而干净，从视觉上扩大了空间感，从色彩上与室内空间相呼应。

02 以米黄色为主的空间给人以亲切而不失华美的感觉，棕黑色木地板平衡了色彩的同时又显示出主人的兴趣和品位。

03 顶面采用透明的玻璃作装饰，在灯光的投射下，显现出极强的立体感。

04 过道尽头的墙面采用茶色底白花镜面玻璃，顶面圆形石膏板造型吊顶，增加了过道的通透感和明亮度。

05 现代简约风格的过道摒弃了繁复的造型，用大束的鲜花作点缀和美化，造型奇特的花器也具有很好的装饰效果。

米黄色的花纹壁纸空间，大气而不失雅致，搭配斜铺的仿古地砖，打造出生活气息浓厚的过道空间。

绿色的植物经过修剪放置在呈古雅韵味的过道，赋予空间独特的气息。

顶面上的"回"纹线条的纹样装饰与地面的拼花造型，体现出中国传统文化的气息。

墙面上精美的装饰品，充满艺术气息，增添了动人的一笔。

01 镜面上蚀刻着精美的图案，以其生动的肌理给空间增添了活泼气氛。

02 简约风格的过道摒弃了繁复造型的装饰，清新淡雅的色调可以传递出更多家的温馨。

03 镂空木雕屏风起到隔断作用，同时又形成通透的视觉效果，让空间彰显非凡气质。

04 过道两边一黑一白的水晶灯形成了鲜明的色彩对比，精致的造型提升了空间的艺术气息。

采用可反射物体的镜子，令居室更显通透、明朗，在灯光的投射下，显现出不错的立体感。

过道外的照明要亮一些，运用晶莹剔透的射灯可达到理想的效果。

木质材料贯穿整个过道，强调了空间统一的视觉效果。

米白色调的空间，大气而不失雅致，木纹装饰墙增加了视觉穿透性。

棕色木地板呼应着居室的主体色调，成了空间不可或缺的装饰元素。

01 有形的实体与无形的光影交叉，产生丰富的层次，达到了很好的装饰
效果。

02 精美的花艺陈设，给简洁现代的空间融入儒雅的元素，为空间增添了不少
细节美。

03 过道尽头的深色实木花台，透出了含蓄典雅的气息，金色花边的镜子为居
室增添了高贵奢华的情调。

04 叠级而上的楼梯，加以玻璃的穿透，具有了强烈的动态美，更好地表现了
楼梯的艺术魅力。

05 过道端景墙面镶嵌的艺术浮雕，打破了木纹装饰带来的厚重感。

06 棕色为空间主色，用灯光局部烘托气氛，呈现出高贵却又不失凝重的居室
气息。

07 这样的过道设计，简单、实用，让人心情愉悦。

08 错落有致的过道墙面，在光影的衬托下增强了立体感，显
得生动丰富。

01 过道端景墙上镶嵌的艺术浮雕，打破了木纹装饰带来的厚重感。

02 色彩活泼的艺术绘画从米黄色的背景中跳跃出来，尤其引人注目。

03 采用天然的绿色竹子、鹅卵石、实木装饰的室内一景，充满自然的馨香，让人倍感舒适惬意。

04 过道尽头的圆形木刻造型，以其清新淡雅的格调，体现出主人优雅的生活品位。

古雅的装饰花艺，呼应着居室的主体色调，成了空间不可或缺的装饰元素。

干净亮丽的过道，只用地面拼花的装饰就装扮得如此雅致。

肌理丰富的墙纸增强了空间的视觉效果，过道尽头的暖色装饰物似如火如荼的爱家热情。

白色墙漆和木地板材料构成了过道内的主要装饰，顶面的灯光体现出极强的立体感。

木质的假梁和灯笼是中国古典装饰韵味的代表，将其与米黄色墙面和深色地面搭配，表现出既古典又现代的装饰风格。

01 在过道与客厅之间设计了一面书柜，琳琅满目的书和工艺收藏品给空间带来了浓郁的艺术氛围。

02 石膏板装饰墙内嵌入艺术装饰玻璃，形成了材质上的对比，白色的墙面造型为艺术玻璃带来了很好的装饰作用。

03 姿态优美的长脚凳上摆设了白色的雕塑，和谐的搭配具有优雅灵动的装饰效果。

04 现代简约风格的过道去除了繁琐的造型，只在尽头放一个展示柜作点缀和美化作用。

中式纹样的镂空木雕屏风起到了隔断作用，同时又形成通透的视觉效果。

中式古典字画与实木线条装饰相得益彰，让过道具有中国传统文化气息。

根据户型的特点，在过道上设计了一个隔断造型，起到了缓冲视线的作用。

长条柜上摆设精美的装饰品，与金边框的镜子相映成趣，更具有观赏性。

01 中式镂空雕花装饰作为过道墙面的装饰，很有中式传统韵味，同时也保持了室内光线的通畅。

02 过道尽头的墙面采用带古典花纹图案的米黄色壁纸装饰，在木制搁板上摆设的工艺品花瓶内插上一些干枝，使空间气氛一下子变得活跃起来。

03 过道尽头的圆形装饰与吊顶和地面的造型相呼应，让空间整体显得十分和谐。

04 茶色镜面与石膏板造型勾勒出背景墙的主体，古典风格的玄关柜，让空间彰显出非凡的气质。

木板条贴顶的过道与木质假梁的搭配,既丰富了顶面的层次感,又营造出素雅的空间氛围。

"一"字形的木质假梁造型,和谐统一,令狭长的过道生动有趣。

精心雕刻的古典案台与墙面上的花格装饰协调呼应,体现出儒雅质朴的传统空间。

精美的花艺在柔和灯光的衬托下极具特色,与墙面壁画相呼应,共同装扮了空间。

01 白净的墙面，搭配木质的门套线条，产生的节奏感避免了白色墙面的单调。

02 在过道尽头的墙壁上以五颜六色的画作点缀，可以在视觉上营造出后现代风格的空间感觉。

03 古典的红木家具深沉典雅，奠定了空间基调，提升了空间的高贵品质。

04 顶上装饰玻璃重复排列，体现出古朴的气息，也让空间在视觉上变得紧凑。

大量地运用木纹装饰，用灯光局部烘托气氛，呈现出高贵而不凝重的居室氛围。

色彩鲜艳的玫瑰色墙面打破了过道白色空间，在点光源的照射下，呈现出温馨舒适的居室氛围。

过道顶面石膏板造型的运用使吊顶与地面浑然一体，令空间更显明朗、通透。

米黄色的顶面与米黄色的装饰造型隔断，令朴实淡雅的居室更显温馨、舒适。

处处是古典的装饰元素，为空间带来
历史价值感和墨香的文化气质。

采用蓝灰色墙面作空间隔断，与室内
的整体风格一脉相承、和协调统一。

空间弥漫着柔和的淡绿色调，使居室
显得亲切而温馨。

过道的设计兼顾到整体室内的空间，
包括地面、墙体照明、家具的配置、
色彩的搭配和处理等诸多要素。

过道的玻璃屏风，于朴实中见美感，
产生了高雅的格调与温馨的气息。

天然肌理的墙面呈现出极强的立体效果，丰富了空间视觉。

过道顶面采用"V"形造型石膏板吊顶，整个空间以白色为主色调，使温馨、儒雅的气氛更加浓郁。

白色混油木质隔断与绿色玻璃构成了过道的装饰主体，简洁而大气。

条柜、隔断、门，多处选用木质，给人以沉稳、大气的感受，搭配米黄色与灰色的地砖，使空间多了些温暖。

采用米黄色壁纸的顶面和棕色木质花格隔断，为过道空间带出了华美的氛围。

01 深色木质地板和仿古墙砖，产生岁月沧桑的美感，同时体现出隽永的气度。

02 黑色木门套、窗套，同色调墙面地面，呈现高雅贵气的空间品质。

03 中间采用软包装饰，两边做大理石造型，石材与软包形成对比，整个过道营造出浓郁的欧式风格。

04 整面墙的蓝色，洁净淡雅，带给人以舒适清爽的感觉。

05 用灯光与白色墙漆打造了如此新颖的门厅，体现着主人非凡的艺术品位。

顶棚装修多样化

顶棚的装修，是装修工程的第一项工作。从工序上来说，一般先从顶棚的施工做起。但顶棚往往也是容易被用户和大多数设计师和工程承建商所忽略的地方。

顶棚，也叫天花板、天花、天棚，吊顶则是顶棚中的一种类型。顶棚的装修材料是区分顶棚名称的主要依据，主要有：轻钢龙骨石膏板吊顶、石膏板吊顶、夹板吊顶、异形长条铝扣板吊顶、方形镀漆铝扣板吊顶、彩绘玻璃吊顶等。如用铝扣板做的吊顶，通常叫"铝扣板吊顶"。各种顶棚有不同的特征。

轻钢龙骨石膏板吊顶。石膏板是以熟石膏为主要原料掺入添加剂与纤维制成，具有质轻、隔热、吸声、不燃和可锯等性能。石膏板与轻钢龙骨（由镀锌薄钢压制而成）相结合，便构成轻钢龙骨石膏板。轻钢龙骨石膏板有多种，包括纸面石膏板、装饰石膏板、纤维石膏板、空心石膏板条。市面上有多种规格。目前使用轻钢龙骨石膏板做隔断墙的多，用来做造型吊顶的比较少。

石膏板吊顶，多用于商业空间，普遍使用600mm×600mm规格，有明骨和暗骨之分。龙骨常用铝或铁。

夹板吊顶，现在装修常用。夹板（也叫胶合板），是将原木经蒸煮软化后，沿年轮切成大张薄片，通过干燥、整理、涂胶、组坯、热压、锯边而成。具有材质轻、强度高、良好的弹性和韧性、耐冲击和振动、易加工和涂饰、绝缘等优点。做吊顶一般用5厘夹板。3厘的太薄容易起拱，9厘的太厚。其受欢迎的原因在于能轻易地创造出各种各样的造型，包括弯曲的、圆的，方的更不在话下。但有个缺点：怕白蚁。补救方法是喷洒防白蚁药水。

夹板吊顶上漆后用一段时间可能会掉漆，方法是在装修时一定要先刷清漆（光油），干了之后才做其他工序。另一种夹板的缺点是接口处会裂开，方法是在装修时用原子灰来补接口处。

异形长条铝扣板吊顶。家庭装修已大多不再用这种材料，主要是不耐脏且容易变形。

方形镀漆铝扣板吊顶。在厨房、厕所等容易脏污的地方使用，是目前的主流产品。

彩绘玻璃吊顶。多种图案，内可照明，只用于局部。

金属栅格吊顶。多用于商业空间的过道或厅室，感觉很现代。

顶棚的装修，除选材外，主要是造型和尺寸比例的问题。前者应按照具体情况具体处理，而后者则需以人体工程学、美学为依据进行计算。从高度上来说，家庭装修的内净空高度不应少于2.6m。否则，尽量不做造型吊顶，而选用石膏线条框。

装修若用轻钢龙骨石膏板吊顶或夹板吊顶，在其面涂漆时，应先用石膏粉封好接缝，然后用牛皮胶带纸密封后再打底层、涂漆。

吊顶施工，无论是何种材料，都应记住一点：密封！以防老鼠和蟑螂在其内作窝。

新板材要替代大芯板

过去建材城板材区是最熏眼睛的地方，如今再去逛则不会有明显异样的感觉了。淘汰了不合格大芯板的建材城中出现了许多新的板材，除了欧松板、澳松板，又有了樟松板、稻草板、柞木板、水曲柳板、白松板等。过去只有一个堆满大芯板的展厅，现在则要四五个展厅摆放各类新板材。业内人士介绍，这些新板材不仅在功能上能替代大芯板，而且在环保上更胜一筹。

1. 大芯板现为主流产品

大芯板，又称为细木工板，因其采用胶粘的实木条作为芯板，再在外面贴皮，顾名思义称为"大芯板"。目前，大芯板是我国装饰板材的主导产品，广泛应用于室内装饰装修领域，如：壁柜、门框、窗框、家具、窗帘盒、暖气罩、橱柜体等。与之同属人造板范畴的还有密度纤维板、刨花板、胶合板等，多数家具和室内的木工都是用它们做基材。价格100元/张左右的其胶粘剂含甲醛。

国家颁布了一系列相关法规，对大芯板的甲醛释放量有严格限制标准，并规定只有合格产品才能在市场上出售。

2. 樟松板、白松板、柞木板、水曲柳板为实木集成材

樟松板、白松板、柞木板、水曲柳板，还有用美国阿拉斯加云杉制作的指接集成材，环保性能更优但价格贵。以樟松板为例，它是实木条用指接的方式拼接，木条通过榫咬合，不用胶粘剂，也不贴面，一张3m²左右的板材表面非常平整，呈现出樟松美丽的花纹，樟松板用材质仅次于红松的樟松制成。水曲柳板和柞木板同样用实木指接而成，木质较硬，可以直接做家具。按照木材的品质、色差，板材分为A、B、C三类。最高等级A类的规格4200mm×600mm×30mm售价为500元/张左右，外观花纹漂亮，可以直接在楼梯、地板等处使用。色差较大、有疤痕的C类白松板，售价只有100多元，和普通大芯板的价格差不多，可以用在柜体等处，是一种比较经济的大芯板替代品。

3. 稻草板不用木材更环保

稻草板不取自木材，而是用南方的稻草作主要原料，烘干压制而成，不用含甲醛的胶粘剂，价格与大芯板相当。这种稻草板的价格为18mm厚的每张116元，3mm厚的每张45元。据介绍，该产品结构稳定、膨胀系数小、握钉力强，可以成为大芯板、三合板的替代品。

由于稻草板在北京销售时间不长，它的物理性能究竟如何，还有待时间的检验。

4. 欧松板甲醛释放量几乎为零，价格稍贵

现在不少装修公司为消费者代购主材时，都会选择价格稍贵的欧松板或澳松板，据说是为了保证装修后环保能达标。这种被称为OSB的板材，在欧洲被广泛使用，它是一种定向结构装饰板材，以速生间伐松木为原料，通过专用设备加工成40~100mm长、5~20mm宽、0.3~0.7mm厚的刨片，经干燥、筛选、脱油、施胶、定向铺装、热压成型等工序制成的一种新型人造板材。成品完全符合欧洲E1标准，其甲醛释放量几乎为零，可以与天然木材相比。与大芯板规格相同的欧松板价格为108元/张，澳松板为170元/张左右。

油漆是室内装潢中重要的一环，容易出现一些棘手的问题，让人束手无策。其实只要找出问题发生的真正原因，对症下药，就不难有令人满意的结果。以下即针对油漆易产生的问题，提出解决之道，让你在室内装潢时能更加得心应手。

1.油漆剥落

可能是表面过于光滑的缘故。若原涂料是有光漆或者是粉质的（加未经处理的色浆涂料），新上的油漆在表面就粘不牢；或可能是木料腐朽或金属有锈斑，也有因油漆质量不好而剥落的。

小面积的油漆剥落，可先用细砂纸打磨，然后抹上腻子，刷上底漆，再重新上漆。大面积的剥落必须把漆全部刮去，重新涂刷。

2.油漆起泡

首先，将泡刺破，如有水冒出，即说明漆层底下或背后有潮气渗入，经太阳一晒，水分蒸发成蒸汽，就会把漆皮顶起成泡。此时，先用热风喷枪除去起泡的油漆，让木料自然干燥，然后刷上底漆，最后再在整个修补面上重新上漆。

若泡中无水，就可能是木纹开裂，内有少量空气，经太阳一晒，空气膨胀，漆皮就鼓起。面对这种情况，先刮掉起泡的漆皮，再用树脂填料填平裂纹，重新上漆，或不用填料，在刮去漆皮后，直接涂上微孔漆。

3.出现裂纹

这种情况多半要用化学除漆剂或热风喷枪将漆除去后，再重新上漆。

若断裂范围不大，这时可用砂磨块或干湿两用砂纸蘸水，磨去断裂的油漆，在表面打磨光滑之后，抹上腻子，刷上底漆，并重新上漆。

4.油漆流淌

油漆一次刷得太厚，即会造成流淌。可趁漆尚未干，用刷子把漆刷开，若漆已开始变干，则要待其干透，用细砂纸把漆面打磨平滑，将表面刷干净，再用湿布擦净，然后重新上外层漆，注意不要刷得太厚。

5.污斑

油漆表面产生污斑的原因很多。例如：乳胶漆中的水分溶化墙上的物质而透出漆面，用钢丝绒擦过的墙面会产生锈斑，墙内暗管渗漏出现污斑等。为防止污斑，可先刷一层含铝粉的底漆，若已出现污斑，可先除去污斑处乳胶漆，刷层含铝粉的底漆后，再重新上漆。

6.发霉变色

这种问题多发生在潮湿的油漆表面，如水汽凝结在玻璃或金属表面时常会产生棕黑色的污斑。此时可用杀菌剂，照说明书的指示处理发霉的部位，待霉菌杀死后，将表面清洗干净，然后再重新上漆。

7.失去光泽

原因是未上底漆或底漆及内层漆未干就直接上有光漆，结果有光漆被木料吸收而失去光泽。有光漆的质量不好也是一个原因。

用干湿两用砂纸把旧漆磨掉，刷去打磨的灰尘，用干净湿布把表面擦净，待干透后，再重新刷上面漆。

要特别注意的是，在气温很低的环境下涂漆，漆膜干后，也可能会失去光泽。

8.漆膜起皱

通常是因第一遍漆未干即刷第二遍所引起的。这时下层漆中的溶剂会影响上层漆膜，使其起皱。

此情况可用化学除汞剂或加热法除去起皱的漆膜，重新上漆。记住，一定要等第一遍漆干透后，才可上第二遍。

9.漆面毛糙

新上漆的表面毛糙，通常是所用的漆刷不干净或受周围环境污染之故。也有可能是油漆中混有漆皮，在使用前未经沉淀和过滤，或油漆未干时沾上了灰尘。

为防止发生上述问题，必须采用干净的漆刷和漆桶。旧漆使用前，一定要用油漆滤纸或干净的尼龙丝袜过滤。另外，漆完的表面在油漆未干时要用罩子或硬纸板遮住，以防沾上灰尘。

如果漆面毛糙，待其干透后，用干湿两用砂纸打磨光滑、擦净后，再重新刷上油漆。要特别注意漆刷必须是干净的。

10.上漆木料表面出现暗斑

可能是木节在上漆前未封住，经太阳一晒，木节受热，树脂从木节中渗出而引起的。此时可用刮刀刮去油漆，然后以细砂纸打磨至露出木节后，用封节漆将木节封住，待干透后，再重新上漆。

11.油漆不干

室内通风不好或温度太低，油漆就干得慢。这时可以打开所有门窗促进通风，或在室内放一个加热器升高室温。

如仍未能解决问题，则可能是上漆的表面油腻。这时可用化学除漆剂或加热法除去油漆，彻底把表面擦干净，然后再重新上漆。

12.漆面粘上小虫

尽量趁油漆未干时把小虫剔去，然后用刷子蘸一点油漆轻轻修补一下表面。要是油漆已开始变干，则要等漆膜完全变硬，再把小虫擦掉，这样做才不会把表面弄得一塌糊涂。

套餐陷阱

套餐，原本是餐饮行业独有的营销方式，如今已在我们的生活中变得司空见惯。放眼望去：无论是洋快餐店，还是通信行业的营业大厅；无论是街头巷尾的美容美发店，还是建材家居装修公司，在我们吃穿住行、休闲娱乐的各个行业领域都有"套餐"的踪影，众多商家纷纷将"套餐"作为主打销售模式。可以说，我们的生活已经进入了"套餐时代"。目前家居市场上套餐越来越多，"28800精装搬回家"、"56900中产家装不是梦"，一时间各种口号、产品漫天飞舞，正在为装修头疼的人似乎有了新的选择，而实际上不少套餐看似"馅饼"，实为"陷阱"，它们的目的是为了把你圈住、套牢，难怪有人说，"套餐，套餐，就是套住你再慢慢餐"。那究竟装修套餐到底能不能吃，又应该怎么吃呢？

1.装修"套餐"，到底好不好吃

"28800，精装搬回家"、"26900，精装您家全都有"，随着这些朗朗上口的广告语被越来越多的消费者所熟悉，"装修套餐"这种不同于传统计价方式的装修方案也受到越来越多人的关注。但是，在尝试了这种看上去简单、直接明了的装修方案后，不少消费者发现，原本希望既简便又省钱的装修初衷在"装修套餐"面前仍然无法实现，甚至还大幅超出预算。

套餐装修，到底是否省钱又省心？有人说，套餐装修是装饰行业的"麦当劳"，为消费者提供了省钱、省时、省力、省心的家装；也有人认为，套餐装修实际上就是商家为消费者下的一个"套"，只要钻进去就得甘愿挨宰；还有人处于迷茫的状态，不知道该相信哪方面的观点，期望行家指点迷津。

要说套餐值不值，还得从套餐本身说起。根据以套餐装修为主打产品的某知名装修公司对装修套餐概念的解释，所谓套餐装修就是把材料部分即墙砖、地砖、地板、橱柜、洁具、门及门套等品牌主材，加上基础装修施工组合在一起，让业主得到一个完善的家居装修工程服务。因为套餐中可供消费者选择的主材种类有限。装修公司就可以进行大规模采购，使材料成本下降，同样的道理，施工成本也会因此降低，并且施工工艺更加纯熟。唯一的缺陷就是消费者选择余地较小，另外就是过于工厂化、标准化将会抹杀家居的个性，不过并不是所有的人都要追求个性，目前套餐的形式还是能够满足大多数人的需求。这样看来，正规的套餐还是能够让消费者省心装修、得到实惠的。

近两年来，套餐装修风靡了家装市场。尽管装修套餐有很多不足之处，让许多消费者留了遗憾，但是这种方式生存下来了，而且还发展壮大，"活"得挺好。这足以证明，它满足了一定的市场需求，存在合理性。传统装修中，消费者最初和装修设计师商谈，最常问的一句话是我们家装修到底要花多少钱，而通常设计师也无法给出确切答案。但套餐装修就不一样了，其提供的套餐标准，使消费者第一时间了解到自己要装修的档次是什么样，虽然事实上这个价格还是比较模糊的。在套餐装修模式中，装饰公司和各厂家直接合作，工程采购价格比较低，节省大量挑选材料所浪费的时间，也能省却消费者对每种材料的价格、品质都得由自己负责的繁琐工作。在套餐装修的售后服务中。套餐装修的消费者面对的是装修公司，而不是各个建材厂家，这样就在一定程度上避免了售后装修公司与主材商在维修过程中互相推诿的事情发生。

那么，套餐装修模式因何遭到了某些消费者的质疑呢？实际上，对于套餐装修的意见，主要集中于一些不明确的费用和不明确的主材品牌和品种。比如，多数套餐的报价都只含有最基本的工艺，有的低价套餐还不含水电改造，改造价格比市场价也高出许多。此外，套餐所含的橱柜、门等多数都有数量尺寸限制，如每$25m^2$的房子含1个门、每$50m^2$含1m橱柜等。这样的数量，普通家庭显然不够用，如果要求增加，那自然也得加钱。通常情况，签订合同后，如果不要装修公司提供的主材，只能按单价的70%退还。另外市场上装修建材品牌众多，价格、产品也比较相似，消费者很难辨别优劣。

2.小心被"套餐"套牢

"装修套餐"在施工后会继续增加一些项目，这在业内叫"偷手"——当装饰公司开始施工的时候，消费者就会发现有很多服务不在套餐之列，套内有"套"的内容便会自曝出来，而没有这些服务，装修就不能正常进行下去。这时装修公司就会直言相告，甚至还会以合同约定来向消费者摊牌，而多数消费者在签订合同的时候根本不清楚哪些条款对自己不利，以至于被套餐套住。下面就让我们一起看看某网友的套餐装修经历吧。

网友张先生的房子$102m^2$，咨询了几家装饰公司后发现，别说一线品牌公司，就是二三线的家装公司做，也要5~6万元钱。这时某公司"28800精装搬回家"的广告让他动心了。如果以这个价格来做家装还保证品质，那真是品牌公司按照"家装游击队"的价格收钱。张先生立即进行了咨询，实际上这个28800元的报价是不含税的，加上税费、水电改造项目预收金额等，装修公司给张先生的房子做的报价在32000元左右。张先生当时觉得这个价格还是可以接受的，就签了合同，没想到的是精装修还没搬回家，麻烦却先来了。

首先水电改造实际量下来一共是5300元，比预交金额高出4300元，由于这时张先生已经付了全款的80%，容不得反悔，只好认了。然而事情还没有完，接下来的增项更是层出不穷，采暖设备1400元、安装费560元、防水1540元、拆风道100元、铲墙皮570元、踢脚线600元……所有增项，只要是合同没有的全部要另外加钱。最离谱的是橱柜，总共3延长米的橱柜又多加了2000元，橱柜不能做到顶，说是张先生家的房子和标准的房高差5cm，材料要选烤漆的，又要一延长米加300元，下水管要防潮的再加300元，加做刀架还要300元，算算仅橱柜就比合同上的增加了3500元。张先生气愤地说，当初选择套餐的时候，设计师说想要什么到时候随便挑，加钱的事只字未提。

等到装修结束，张先生一共花费了54000余元，比合同金额高了20000多元。在这里我们不难发现"28800"只是一个笼统的价格，其中看似包括主材、辅料、人工等很多东西，但实际上还有很多项目不包含在里面。也就是说"28800"实际上只是一种吸引消费者的宣传方式，而真正签了合同的消费者，花费的金钱要比合同上的多得多。

3."28800"精装修难回家

多数人关注套餐式装修是因为它的价格便宜，比如，市场上就曾经出现过168元/m²、188元/m²、269元/m²、288元/m²等多种价位的套餐，不管计价参照的是建筑面积还是使用面积，这种价格看上去都很诱人。但事实真是如此吗？选取了这种方式，绝大多数装修预算都会"超支"。因为，套餐有很多限制，让你不得不选择增加另外"付费"的装修项目，其中有一些你没签合同前根本就不知道，而另外一些隐蔽更深的，签了合同你也未必能知道。

致谢

在本套丛书的编辑过程中，我们得到了全国各地室内设计行业中资深设计师的鼎力支持，对于张合、王浩、翟倩、刘月、王海生、张冰、张志强、孙丹、张军毅、梁德明、冯柯、郭艳、云志敏、刘洋等人给予的帮助，借此机会谨向他们表示诚挚的谢意！